Paso a paso

La historia del chocolate

Todo comienza con granos de cacao

Robin Nelson

ediciones Lerner ◆ Mineápolis

ediciones Lerner
Una división de Lerner Publishing Group, Inc.
241 First Avenue North
Mineápolis, MN 55401, EE. UU.

Si desea averiguar acerca de niveles de lectura y para obtener más información, favor consultar este título en www.lernerbooks.com.

Créditos de las imágenes: IMAGEMORE Co., Ltd./Getty Images, p. 3; 3000RISK/iStock/Getty Images, pp. 5, 23 (granos de cacao); aedkais/iStock/Getty Images, p. 7; renacal1/iStock/Getty Images, p. 9; Joá Souza/Brazil Photo Press/Getty Images, pp. 11, 23 (enviado); PATRICK KOVARIK/AFP/Getty Images, pp. 13, 23 (tostado); Boogich/iStock/Getty Images, p. 15; Deyan Georgiev/Shutterstock.com, p. 17; Olivier Polet/Corbis/Getty Images, p. 19; marka/Universal Images Group/Getty Images, pp. 21, 23 (envuelto); Martinan/iStock/Getty Images, p. 22.Cover: artisteer/iStock/Getty Images (chocolate); Pierre-Yves Babelon/Moment/Getty Images (granos).

Fuente del texto del cuerpo principal: Mikado Medium.
Fuente proporcionada por HVD Fonts.

Library of Congress Cataloging-in-Publication Data

Names: Nelson, Robin, 1971- author.
Title: La historia del chocolate : todo comienza con granos de cacao / Robin Nelson.
Other titles: Story of chocolate. Spanish
Description: Minneapolis : ediciones Lerner, [2022] | Series: Paso a paso | Includes bibliographical references and index. | Audience: Ages 4–8 | Audience: Grades K–1 | Summary: "Chocolate is a tasty treat. But did you know that chocolate starts as a bean growing on a tree? Follow each step in the process to discover how a bean becomes chocolate. Now in Spanish!"—Provided by publisher.
Identifiers: LCCN 2021020567 (print) | LCCN 2021020568 (ebook) | ISBN 9781728441924 (library binding) | ISBN 9781728447872 (paperback) | ISBN 9781728444000 (ebook)
Subjects: LCSH: Chocolate—Juvenile literature. | Chocolate processing—Juvenile literature. | Cacao—Juvenile literature.
Classification: LCC TP640 .N4518 2022 (print) | LCC TP640 (ebook) | DDC 641.3/374—dc23

LC record available at https://lccn.loc.gov/2021020567
LC ebook record available at https://lccn.loc.gov/2021020568

Fabricado en los Estados Unidos de América
1-49947-49790-6/15/2021

¡Me encanta el chocolate!

¿Cómo se hace?

Los granos de cacao crecen.

Los trabajadores abren las vainas.

El sol seca
los granos.

Los granos se envían a la fábrica.

Se tuestan
los granos.

Las máquinas pisan los granos.

El chocolate
se mezcla.

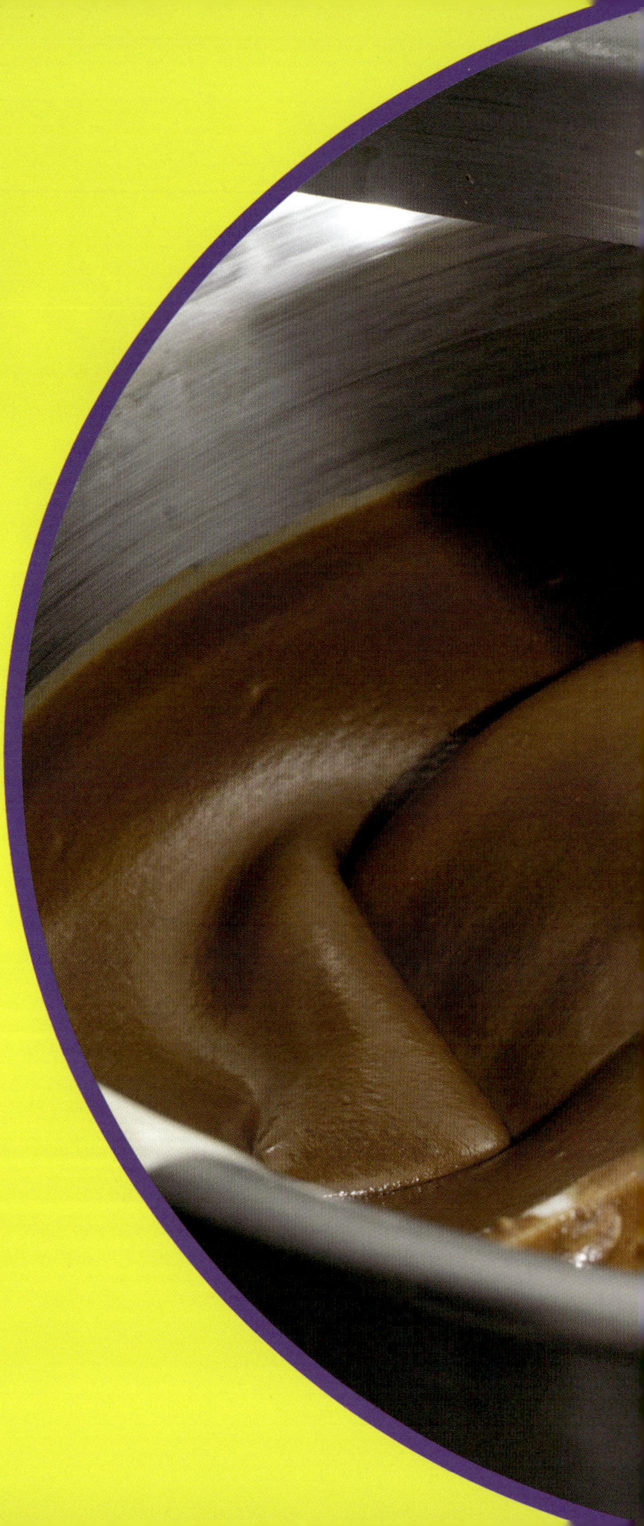

Luego, se vierte el chocolate.

El chocolate se envuelve.

Chocolat Stella SA
Cioccolato al latte
Costa Rica

¡Como mi dulce favorito!

Glosario con imágenes

enviado

envuelto

granos de cacao

tostado

Otros títulos

Fretland VanVoorst, Jenny. *Chocolate: How Is It Made?* Minneapolis: Jump!, 2017.

Hansen, Grace. *How Is Chocolate Made?* Minneapolis: Abdo Kids, 2018.

Heos, Bridget. *From Cocoa Beans to Chocolate*. Mankato, MN: Amicus, 2018.

Índice